鉄道車輌
ディテール・ファイル
愛蔵版 003

EF10

鉄道省における電気機関車の国産化の歴史は1928（昭和3）年のEF52に始まり、1931年のED16、さらに翌年にはEF52の発展型であるEF53が登場し本格的な電気機関車の時代を迎えた。その歴史はこれら旅客用機に目が向けられがちであるが、しかし時を同じくして貨物用途を中心とした汎用電機の計画も立ち上げられ、1934（昭和9）の9月にEF10の初号機が誕生した。安定した性能と評判を得、1938（昭和13）年には8両が主に関門トンネル用に追加され旅客列車の先頭にも立つこととなった。さらに1940～42年には最終増備となる17両が造られた。その製造期間は9年という、電機発展途上のなかでは異例の長期に亘り、結果的に同一形式でありながら、別形式を名乗っても良いほどの形態差が生まれることとなった。ここではEF10の3形態をカラー写真で見ていこう。

▲屋根から水平に続くひさしと車体にリベットが露出する車体が瀟洒な印象を与える初期型のEF10 9。トキ25000を従えて身延線を北上する。
1977.4.1　西富士宮～沼久保　P：松尾よしたか

▲1970～80年代、飯田線・天竜峡～豊橋間の南部区間を担当していたEF10。写真の35号機はこの前年まで首都圏にいたため、屋上に常磐無線アンテナを持ち、デッキのステップ端部は白く塗られている。　1977.4.2　東上～江島　P：松尾よしたか

▲午後の穏やかな時間を迎えた身延駅で居並ぶ身延線の主役たち。左からクモハユニ44801、クハ66000（アコモ改造車）、EF10 8。リベットを車体に持つ初期型は、後期型とは違う魅力を放っていた。　1977.4.1　身延　P：松尾よしたか

▲首都圏の貨物列車に活躍したEF10は、新宿駅での入れ換え作業で中央線の特急電車とも顔を並べた。同じ線路上を走る車両ながら、特に初期型では姿の違いが際立ち、車齢も約30年の違いがあった。国鉄車両の発展史を垣間見る思いだった。　1970.3　新宿　P：結解　学

▲丸形の車体に厳つい印象の鋳鋼製台車を履いた、ずんぐりとした印象の23号機が飯田線を北上する。屋上の避雷器はグレーの円筒型のもので、現在の避雷器と同等のものに交換されていたようだ。　1977.4.2　江島～東上　P：松尾よしたか

▲真夏の身延線にて、富士川の支流を渡る36号機。同機も77年まで首都圏で活躍していた車両で、屋上に常磐無線アンテナが残る。ワフを1両携えた身軽な編成が、水遊びの子供たちの歓声も響く河原を行く。　波高島～塩之沢　P：荒川好夫(RGG)

▲この頃の山手線は多くの駅で貨物扱い設備が併設されており、その往来でも賑わっていた。新鶴見機関区に所属していた後期型トップナンバーの25号機は屋上に常磐線用無線アンテナを持っていた。また、余談ではあるが次位には西武鉄道の無蓋車が繋がっている。　1975.2　恵比寿　P：結解　学

はじめに

EF10は国産化が始まって間もない時期に生まれた電気機関車で、1934~41（昭和9~16）年に41両が落成した。この両数は戦前製電機最多で、増備期間における技術の進歩の過程が、そのまま反映されたのも特徴である。

車体については、1~16号機は屋根前端がひさし状に張り出しリベット組立、17~24号機が丸みを帯びた溶接組立、25~41号機が角張った溶接組立となった。この3タイプは印象が全く異なり、それぞれ「ひさし付」「丸型」「角型」あるいは「前期型」「中期型」「後期型」と呼んで区別する。下廻りに関しても、蒸機の流れをくむ棒台車枠に加え、鋳鋼台車枠という珍しいものが作られたことが見逃せない。凸型と箱型があったEF13、箱型と流線型があったEF58とともに、このようなバリエーションのある機関車は、大いに魅力的だと言えよう。

運用された範囲にも、EF10ならではの見どころがある。当初は丹那トンネルを含む東海道本線沼津以東に投入され、その後上越線、さらに関門トンネルにも進出した。九州に乗り入れた旧型電気機関車はEF10が唯一であり、海水による塩害の対策で一部は車体がステンレス製に改造されたのも、ほかに例がない。昭和30年代になると首都圏に集結するが、昭和40年代後半以降には身延線や飯田線へ多くの仲間が転じ、最後の1両が飯田線用として1983（昭和58）年まで在籍した。

本書は2009・2010（平成21・22）年に発売した『鉄道車輌ディテール・ファイル』002・004・007を合本化・再編集のうえ新規素材も加えたもので、モデラーの視点でEF10各タイプを眺めている。

ひさし付車体のEF10(1~16)

EF10 1~16の歩み

日本における電気機関車の歴史は蒸機機関車と同様、輸入機でその幕を開けた。本格的国産電機として1928年に誕生したのが旅客用のEF52で、いわゆる「旧型電機」の基本となった。続いてED16が登場し、以上2形式の車体には溶接技術がまだ採用されず継目の帯やリベットが並び、屋根前端がひさし状に張り出している。また、側面裾に台枠が露出しているのも特徴である。その次、1932年登場のEF53では、車体が依然として溶接組立ではないが、台枠は側面に露出せず、大分スマートになった。1934年に製造が始まった、初の貨物用国産F級機EF10は当初、車体がEF53に準じていた。1~16がこのスタイルで落成し、17以降は溶接車体となる。

前期型とも呼ばれる、ひさし付車体の1~16は全て1934年製で、国府津に配置された。同年12月の丹那トンネル開通に合わせ、東海道本線沼津以東用に投入されたものであった。その後、中央東線・上越線・首都圏各線などにも足跡を残し、晩年は身延線・飯田線で旧型国電とともに活躍している。なお、EF10といえば関門トンネルで運用されたことも有名だが、ひさし付車体で同区間を走ったのは5と16のみで、ともに短期間だった。

身延線で晩年を過したEF10 13が、ホッパー車を従えて走る。背景の雲の中には、富士山が隠れている。 1977.4.1　富士宮~源道寺　P:松尾よしたか

EF10 1～16履歴表

参考文献：月刊『レイル・マガジン』2008年10月号特別付録／沖田祐作 編『機関車表　国鉄編　電気機関車・内燃機関車の部』

■EF10 1の履歴

1934.9.27	製造（日立製作所笠戸工場）
1934.10.18	国府津に配置
1939.11.10	沼津に転属
1941.4.9	水上に転属
1945.7.9	国府津に転属
1946.4.25	八王子に貸出
1947.2.7	国府津に返却
1962.3.16	新鶴見に転属
1975.7.7	廃車（最終配置：新鶴見）

■EF10 2の履歴

1934.10.16	製造（日立製作所笠戸工場）
1934.11.1	国府津に配置
1939.11.14	沼津に転属
1941.6.18	甲府に転属
1942.6.9	水上に転属
1945.7.10	国府津に転属
1947.3.15	新鶴見に転属
1955.8.1現在	国府津
1958.5.1現在	国府津
1976.10.30	廃車（最終配置：新鶴見）

■EF10 3の履歴

1934.10.30	製造（日立製作所笠戸工場）
1934.11.18	国府津に配置
1939.11.10	沼津に転属
1942.5.13	水上に転属
1945.4.8	国府津に貸出
1945.7.16（7.6 ?）	国府津に転属
1945.8.2	八王子に貸出
1945.8.20	国府津に返却
1962.3.16	新鶴見
1975.7.7	廃車（最終配置：新鶴見）

■EF10 4の履歴

1934.10.31	製造（日立製作所笠戸工場）
1934.11.19	国府津に配属
1939.11.14（11.3 ?）	沼津に転属
1942.9.7（11.9 ?）	水上に転属
1945.7.14	国府津に転属
1951.7.9	八王子に貸出
1951.8.27	甲府に貸出
1952.2.29	国府津に返却
1962.3.15	新鶴見に転属
1975.7.7	廃車（最終配置：新鶴見）

▲昭和40年代後半まで首都圏の貨物列車に活躍したEF10。春めいた陽光の中、7号機が貨物列車を牽引し東海道線を南下する。
1969.5.1　辻堂～茅ヶ崎　P：荒川好夫（RGG）

■EF10 5の履歴

1934.10	製造(汽車製造大阪、東芝鶴見工場)
1934.10.16	国府津に配置
1939.11.7	沼津に転属
1942.9.26	水上に転属
1943.6.13	国府津に貸出
1943.6.17	水上に返却
1945.7.27	国府津に転属
1945.8.2	八王子に貸出
1945.8.20	国府津に返却
1950.7.2	門司に貸出
1951.7.8	国府津に返却
1972.3.15	新鶴見に転属
1975.7.7	廃車(最終配置:新鶴見)

■EF10 6の履歴

1934.10	製造(汽車製造大阪、東芝鶴見工場)
1934.10.26	国府津に配置
1943.12.27	水上に転属
1945.7.16	国府津に転属
1945.8.2	八王子に貸出
1945.12.21	国府津に返却
1972.3.15	新鶴見に転属
1975.7.7	廃車(最終配置:新鶴見)

■EF10 7の履歴

1934.10	製造(汽車製造大阪、東芝鶴見工場)
1934.11.5	国府津に配置
1942.2.18	水上に転属
1945.7.12	国府津に転属
1969.6.1 (1971 ?)	甲府に転属
1976.3.1	廃車(最終配置:甲府)

■EF10 8の履歴

1934.10.15	製造(三菱神戸造船所、三菱電機神戸工場)
1934.10.26	国府津に配置
1935.7.11	東京に貸出
1935.7.31	国府津に返却
1943.8.4	水上に転属
1945.7.24	国府津に転属
1945.8.2	八王子に貸出
1945.9.19	国府津に返却
1950.12.10	東京に貸出
1951.6.13	国府津に返却
19??.?.?	甲府に転属
1969.4.28	国府津に転属
1971.4.28	甲府に転属
1978.1.11	廃車(最終配置:甲府)

■EF10 9の履歴

1934.10.20	製造(三菱神戸造船所、三菱電機神戸工場)
1934.10.29	国府津に配置
1952.10.16	甲府に貸出
1952.11.7	国府津に返却
1969.5.5	甲府に転属
19??.?.?	国府津に転属
1971.5.5	甲府に転属
1977.12.15	廃車(最終配置:甲府)

■EF10 10の履歴

1934.10.26	製造(三菱神戸造船所、三菱電機神戸工場)
1934.11.18	国府津に配置
1944.7.10	水上に転属
1944.10.4	国府津に転属
1945.8.2	八王子に転属
1945.8.19	国府津に転属
1969.4.23	甲府に転属
19??.?.?	国府津に転属
1971.4.23	甲府に転属
1977.9.8	廃車(最終配置:甲府)

■EF10 11の履歴

1934.11.1	製造(川崎重工兵庫工場)
1934.11.20	国府津に配置
1935.6.10	沼津に貸出
1935.6.30	国府津に返却
1935.10.2	水上に貸出
1935.10.9	国府津に返却
1945.8.2	八王子に貸出
1946.4.22	国府津に返却
1946.4.25	八王子に貸出
1947.2.9	国府津に返却
1969.4.29	甲府に転属
19??.?.?	国府津に転属
1971.4.29	甲府に転属
1972.1.5	廃車(最終配置:甲府)

■EF10 12の履歴

1934.10	製造(川崎重工兵庫工場)
1934.10.30	国府津に配置
1943.9.30	沼津に転属
1944.3.16	水上に転属
1945.7.10	国府津に転属
1946.8.2	八王子に転属
1946.9.21	国府津に転属
1952.2.26	甲府に貸出

1952.5.1	甲府に転属
1956.3.9	国府津に転属
1958.5.1現在	国府津
19??.?.?	新鶴見に転属
1972.3.23	立川に転属
1973.10.1	豊橋に転属
1975.7.7	廃車(最終配置:豊橋)

■EF10 13の履歴

1934.10	製造(川崎重工兵庫工場)
1934.11.2	国府津に配置
1935.4.15	沼津に貸出
1935.5.7	国府津に返却
1943.10.1	沼津に転属
1944.3.17	水上に転属
1944.10.7	国府津に転属
1949.6	浜松に転属
1952.5.27	甲府に転属
1953.2.3	八王子に転属
1954.9.24	大宮に貸出
1954.11.5	八王子に返却
19??.?.?	立川に転属
1956.12	甲府に転属
1957.5.24	新鶴見に転属
1957.9.30	国府津に転属
1958.5.1現在	国府津
19??.?.?	新鶴見に転属
1972.3.24	立川に転属
1976.11.20	甲府に転属
1978.1.18	廃車(最終配置:甲府)

■EF10 14の履歴

1934.10	製造(川崎重工兵庫工場)
1934.11.19	国府津に配置
1943.10.2	水上に転属
1944.10.9	国府津に転属
1950.10.11	長岡第2に転属
1951.10.1	高崎第2に転属
1952.3.5	沼津に貸出
1952.10.31	沼津に転属
1955.8.1現在	静岡に貸出中
1965.2.1 (2.2?)	八王子に転属
1972.2.29 (2.28?)	豊橋に転属
1979.3.30	廃車(最終配置:豊橋)

■EF10 15の履歴

1934.10	製造(川崎重工兵庫工場)
1934.11.18	国府津に配置
1943.10.7	水上に転属
1945.5.8	八王子に貸出
1945.6.1	水上に返却
1945.6.4	国府津に貸出
1945.7.16	国府津に転属
1945.11.9	高崎第2に貸出
1952	国府津に返却
1952.4.21	甲府に貸出
1952.5.1	甲府に転属
1956.3.16	国府津に貸出
1956.3.25	甲府に返却
1956.9.26 (9.29 ?)	新鶴見に転属
1960.8.6	八王子に貸出
1960.9.1	国府津に貸出
1960.10.26	新鶴見に返却
1962.8.1	国府津に貸出
1962.9.25	新鶴見に返却
1964.1.17	八王子に貸出
1964.2.3	新鶴見に返却
1964.12.13	長岡第2に貸出
1965.3.1	長岡第2に転属
1965.7.11	東京に転属
19??.?.?	新鶴見に転属
1969.9.6	甲府に転属
1977.3.3	廃車(最終配置:甲府)

■EF10 16の履歴

1934.11.12	製造(日本車輌名古屋工場、東洋電機)
1934.11.19	国府津に配置
1935.7.17	水上に転属
1935.9.12	国府津に転属
1943.2.17	水上に転属
1944.8.27	国府津に貸出
1944.9.3	水上に返却
1944.9.27	門司に転属
1946.5.26	甲府に貸出〜転属
1946.8.10	国府津に転属
1946.10.11	高崎第2に転属
1951.1.19	浜松に貸出
19??.?.?	高崎第2に返却
1951.5.4	国府津に転属
1969.6.7 (1971.6.7?)	豊橋に転属
1977.3.15 (3.3?)	廃車(最終配置:豊橋)

EF10 1～16のディテール

EF10 1

トップナンバー１号機を２エンド側から見る。側面端から２番目の窓には、３本の丸棒の保護柵が付いている。避雷器は角型。１～４号機は日立製。　1965.11.6 新鶴見機関区　P:小林正義

EF10 2

▲1959年当時のEF10 2の1エンド側。標識灯は原形の引掛式で、避雷器は2エンド側にしかない(この写真では見えない)。 1959.10.14 新鶴見機関区 P:小林正義

▶EF10 3の1エンド側。運転室部屋根肩の白い三角のマークは、パンタのシューの位置の表示。駐機後に地上からディスコン棒を使ってパンタを上げる際、これを目印にする。 1969.3.10 新鶴見機関区 P:滝川精一

EF103

EF10 4の1エンド側屋根上を見る。パンタ前に円筒型の避雷器がある。特急塗装のEF60 500番代、茶色塗装のEF60 0番代も貴重な記録である。 1965.12.19 新鶴見機関区 P:小林正義

EF10 4

EF10 5

▲ 1965年時点のEF10 5。既に標識灯が埋込式に改造されている。避雷器は1エンド側パンタ後のみに円筒型のものを備える。5～7号機は車体が汽車製で電装が東芝製。 1965.1.24 保土ヶ谷～戸塚 P:小林正義

▼ 1960年1月当時のEF10 5は標識灯が引掛式。検査出場直後と思われ、塗装が美しく輝いている。1960.1.30 藤沢 P:小林正義

●EF10 5 写真：1986頃 新鶴見機関区にて（19～25頁）

▲ 本グループの特徴である「ひさし」の部分をアップで見る。板厚は薄く、妻板上端にリベットが並んでいる。気笛が屋根から浮いている点にも注目。 P:戸枝裕雄

▼ 富士山のような形の端梁がフロントビューで目立つ。モデルでは（特に縮尺1:80 ／ゲージ16.5mm等の場合）、先輪の横動を確保しつつ、この端梁形状を正確に再現するのは難しいところだ。 P:戸枝裕雄

EF10 5

▲EF10 5を1エンド側から見る。18頁の写真と比べると、標識灯の埋込化とともに排障器も形状が変化している。　P：戸枝裕雄

◀ EF10 5のデッキおよびステップ上面の滑り止めは、菱形の網目模様となっている。また、車体前面のドアとデッキ上板の間には、網目板による上下可動の渡り板が付いている。 P:戸枝裕雄

▲ 前端梁は鋳鋼製で、デッキ下の曲面部分には補強リブがある。 P:戸枝裕雄

▼ 側枠の前端部の端梁との固定部は、上段は六角ボルトの頭が、下段はボルトのスレッド部と六角ナットが露出している。 P:戸枝裕雄

▲ 垂直に配置されたブレーキシリンダーの上面は完全な円形ではなく、台車側が直線に欠き取られている。また、ブレーキロッドの各結合部はフォーク状になっている。 P:戸枝裕雄

▼ 砂箱から伸びる砂撒管は複雑な形状で動輪の踏面近くに達している。モデルで再現する場合、ショートに要注意である。 P:戸枝裕雄

▲ 動輪のブレーキシュー下端を結ぶロッドは丸棒ではなく、角断面の帯状となっている。 しかも、水平(レールと平行)ではない。P:戸枝裕雄

▼ 動輪の軸箱は表面の蓋が回転して開く構造になっている。そのため左右非対象なので、モデルでは取付方向をよくチェックしなければならない。 P:戸枝裕雄

▲ 左側の第２動輪の軸箱に速度検知部があり、ジョイントを介してシャフトがキャブ側へ伸びている。P:戸枝裕雄

▼ エアタンクの車体中央側に、内部に溜まった水を抜くための排出コックがある。これは開いた状態で、走行時はレバーを水平位置に回して閉じる。 P:戸枝裕雄

EF10 6

EF10 6の形態は、EF10 5と基本的に同じ。これは「よん・さん・とう」時点の1エンド側から見た姿で、助士席上の屋根に信号炎管を装着している。 1968.10.10 新鶴見機関区 P:小林正義

前頁と同じ日、2エンド側から撮影したEF10 6。後方のEF15最終型(前面と側面中央の窓がHゴム支持で、ナンバーが切抜文字)が近代的に見える。 1968.10.10 新鶴見機関区 P:小林正義

▲ 東芝と汽車で製造を分担したEF10 6には2種の製造銘板が貼られている。ともに丸型で格調高い。 1968.10.10 新鶴見機関区 P:小林正義

▼ 1962年当時のEF10 7。周辺の2軸貨車各種もEF10が活躍した時代を象徴している。 1962.3.4 国府津機関区 P:長谷川興政

▲ EF10 8～11は電装系が三菱電機神戸工場、車体が三菱重工業神戸造船所の製造。製造銘板は2社まとめて楕円の1枚としている。 1977.4.1 身延 P:松尾よしたか

▼ブレーキシュー下端を結ぶロッドの端部には長さ調整用に2つの穴がある。これは、長い方を使った状態(25頁に、短い方を使った状態のEF10 5の写真を掲載している)。 1960年代後半 新鶴見機関区 P：戸枝裕雄

1960年当時のEF10 8。標識灯は引掛式で、前照灯は150W。前面助士席窓上の架線注意板、形式なしのナンバープレート以外、基本的に製造時の原形スタイルが維持されている。 1960.1.27 藤沢 P:小林正義

EF1 8

埋込式標識灯、250W前照灯となったが、まだ信号炎管がない時代のEF10 8を上から見る。隣のEF65は既に信号炎管を備えている。 1960年代後半　新鶴見機関区　P:戸枝裕雄

EF10 8

EF10 9

▲32頁のEF10 8と同様、原形に近いスタイルを維持していた当時のEF10 9（1エンド側）。　1959.6　新鶴見機関区　P：小林正義

▼ 上の写真から4ヵ月後に1エンド側から撮影されたEF10 9。架線注意板が追加され、前照灯が250Wとなったほか、ワイパーの位置も変わっている。1959.10.14　新鶴見機関区　P:小林正義

▲ 標識灯が引掛式で架線注意板がない、製造時に近い顔を残していた当時のEF10 9。 1959.6 新鶴見機関区 P:小林正義

▼ 台車枠は車体側面よりかなり内側に位置する。また、エアタンクは車体幅よりやや外に張り出している。ファインスケールでこれらを正確に再現してみたくなる。1959.6 新鶴見機関区 P:小林正義

EF10 10

「よん・さん・とう」時点のEF10 10を1エンド側から見る。標識灯は埋込式、前照灯は250Wで、信号炎管を備えたスタイル。
1968.10.10　新鶴見機関区　P:小林正義

EF10 11

引掛式標識灯、150W前照灯が残っていた当時のEF10 11を2エンド側から見る。前後パンタとも後方の高圧引込線は写真の側面、すなわち2エンドが左、1エンドが右にくる側面(1−3位側)にある。
1960.3.23　新鶴見機関区　P:小林正義

EF10 12

▲ 埋込式標識灯、250W前照灯、信号炎管装備という形態のEF10 12が伊東線の貨物列車を牽く。黒貨車の編成が旧型電機にはよく似合う。 1969年頃 P:滝川精一

▼ 貨物列車を牽引中、途中駅で長時間停車する際はパンタを下ろすことがある。側面に9枚ある窓のうち3・5・7枚目は固定式で、側面とガラスがほぼ同一面。残る5枚は内側に枠がある下降式。 1969年頃 P:滝川精一

▼ 埋込式標識灯、250W前照灯、信号炎管未装備のEF10 13。避雷器は円筒型で、前照灯の後にある。側面端から2枚目の窓には丸棒5本の保護柵がある。 1969年頃　P:滝川精一

▶ EF10 13には長方形の川崎車輌の製造銘板が貼られている。製造番号は52と若い。 1977.4.1　富士宮　P:松尾よしたか

▼ 標識灯が引掛式だった当時のEF10 13。側面窓の保護柵は単線での運転におけるタブレット授受に対応したものと思われる。 1963.6.9　新鶴見機関区　P:小林正義

EF10 13
川崎車輛

EF10 13
EH10 55

▲ 甲府に配置され、身延線で運用されていたEF10 13最晩年の姿。前面窓ガラスがHゴム支持となったのに伴い、その外形はやや小さく、四隅のRがゆるくなっている。 1977.4.1 富士宮 P:松尾よしたか

▼ 2エンド側から見たEF10 13。前面窓の周囲にHゴム化改造の際の溶接の跡がある。 1977.4.1 富士宮 P:松尾よしたか

EF10 14

▲ 晩年は豊橋に配置され、飯田線南部で使用されたEF10 14号機。前面窓ガラスはHゴム支持に改造されている。 1976.8.28　豊橋機関区　P:松尾よしたか

▼ EF10 14の側面窓の保護柵は縦方向の4本の丸棒。その下の車体裾のリベットがなくなっている。 1976.8.28　豊橋機関区　P:松尾よしたか

引掛式標識灯、250W前照灯、信号炎管未装備という形態のEF10 16。側面窓の保護柵は3本の丸棒。 1963年頃　P:滝川精一

EF10 16

▲ひさし付車体のEF10のうち、16号機は唯一日本車輌と東洋電機の2社で製造された。両者の長方形の製造銘板が側面に付いている。　P：戸枝裕雄
EF10 16写真(50～52頁)：1960年代後半　新鶴見機関区にて

▼ モデルでは曲線通過対策として第３動輪の板バネを省略するケースが多いが、実物でもこの板バネはエアタンクの陰に隠れてほとんど見えない。 P:戸枝裕雄

▼ EF10 16のATS車上子は、2エンド側台車の後部端梁に取り付けてある。
P:戸枝裕雄

EF10 16の1エンド側前頭部。前面ドア脇のステップから屋根上に上がる際の注意を促すため、助士席側に架線注意板が付いている。
P:戸枝裕雄

▲ EF10 16は1969年に国府津から豊橋に移り、1977年の廃車まで飯田線の貨物列車を担当した。 1971.9.8 豊橋機関区 P:長谷川興政

EF10 1～16と同じ車体のEF53

EF10 1～16は、1934年に登場したEF53と設計が共通の部分が多い。車体は基本的に同一で、外観上の最大の違いは先台車。人気が高かったのは2軸先台車のEF53の方だったが、1968年までに全機が山陽本線セノハチの補機EF59に改造され、ゼブラ塗装、切抜文字またはブロック式のナンバーとなって、スタイルを乱してしまった。一方、EF10 1～16は廃車まで本来の風格を残していた。

▲ EF59から復元のうえ、碓氷峠鉄道文化むらに保存されているEF53 2。 2008.7.3 P:松尾よしたか

▲国府津機関区にて並んだ、丸型車体のEF10 20とひさし付車体のEF10 8。　1962.3.4　国府津機関区　P：長谷川興政

EF10（2・7～11・13～16）形電気機関車形式図

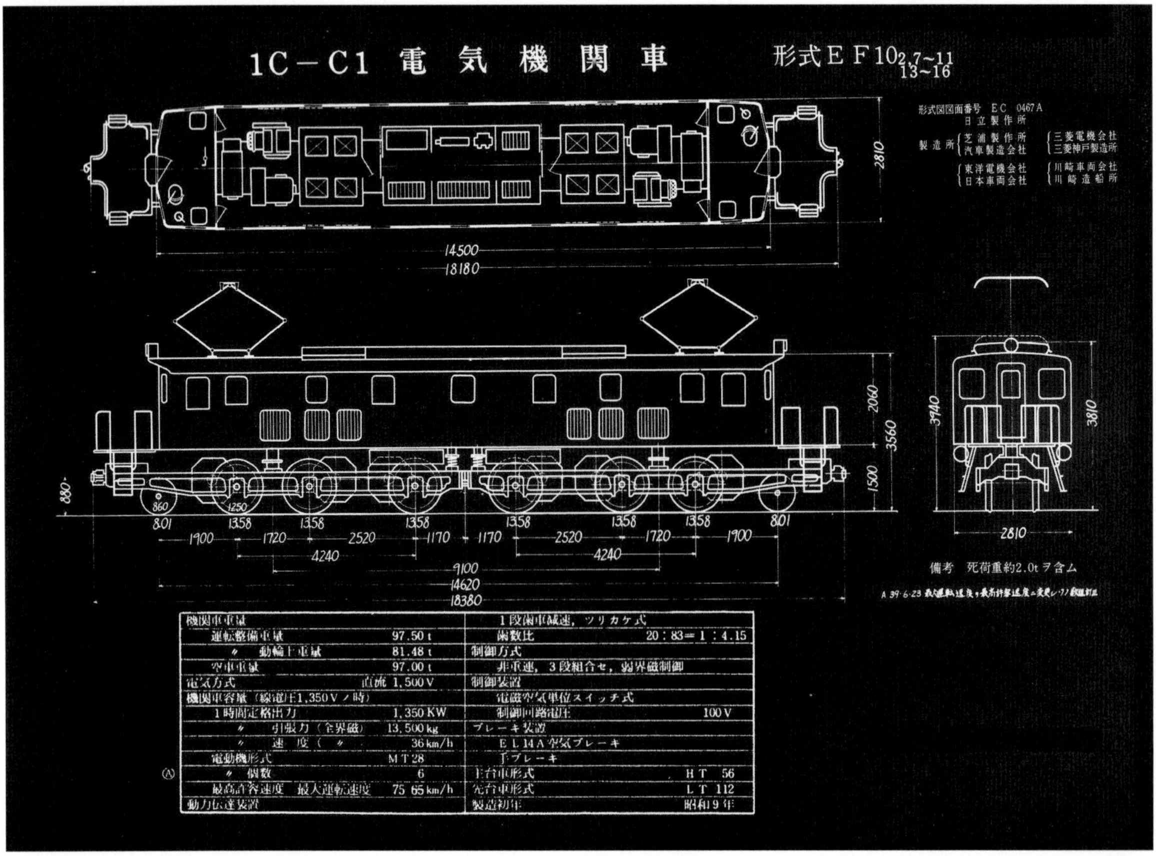

機関車重量		1段歯車減速，ツリカケ式	
運転整備重量	97.50 t	歯数比	20：83＝1：4.15
〃　動輪上重量	81.48 t	制御方式	
空車重量	97.00 t	非重連，3段組合セ，弱界磁制御	
電気方式	直流 1,500 V	制御装置	
機関車容量（線電圧1,350Ｖノ時）		電磁空気単位スイッチ式	
1時間定格出力	1,350 KW	制御回路電圧	100 V
〃　引張力（全界磁）	13,500 kg	ブレーキ装置	
〃　速　度（〃	36 km/h	ＥＬ14Ａ空気ブレーキ	
電動機形式	ＭＴ28	手ブレーキ	
Ⓐ 〃　個数	6	主台車形式	ＨＴ　56
最高許容速度　最大運転速度	75 65 km/h	先台車形式	ＬＴ 112
動力伝達装置		製造初年	昭和9年

丸型車体の
EF10（17～24）

EF10 17~24の歩み

丸型車体の前面の窓に、つらら切りを装着したEF10 20。台車は鋳鋼台枠。
1967.12.23　国府津機関区　P:小林正義

EF10は「ひさし付」の1~16号機が1934（昭和9）年に落成した後、しばらくのブランクを経て1938（昭和13）年に増備が再開された。そのブランクの間、回生ブレーキ付きのEF11が4両製造され、EF11 1~3の車体は「ひさし付」ながら、溶接技術の導入により側面の継目の帯やリベットがなくなった。そして、EF11 4では前面の「ひさし」がなくなり、丸みを帯びた車体形状となる。これに準じた車体がEF10にも採用され、1939（昭和14）年までに17~24号機の8両が落成するのであった。また、この丸型のデザインは、旅客用のEF56の前期型にも波及している。

大きくイメージが変わった丸型車体のEF10には、もうひとつ斬新な試みもあった。18・19・21~23号機の台車は、「ひさし付」と同様の棒台車枠だったが、17・20・24号機には鋳鋼台車枠が導入されたのである。同時期のD51初期型、C55やC57一次型などに鋳鋼製のテンダー台車枠の例が見られたが、先輪付きF級電機の台車枠全体を鋳鋼とするのは、実に大胆なものだった。続く25号機以降の車体は、溶接技術を踏襲しつつスタイルが角型となる。

中期型とも呼ばれる丸型車体のEF10は、17~19と20~24で側面のエアフィルターの形状が異なる。また、8両とも関門トンネルで運用された経歴があり、24号機は塩害対策で、車体外板がステンレスに張り替えられた。角型車体4両と合わせ、計5両のEF10がステンレス車体化されたうち、24号機だけは無塗装で銀色に輝いていたが、関門トンネルから撤退後にぶどう色に塗られた。丸型車体はEF10で最も少数派ながら、個性は大きく勝っていた。

EF10 17〜24の履歴表

参考文献：月刊『レイル・マガジン』2008年10月号特別付録／沖田祐作　編『機関車表　国鉄編　電気機関車・内燃機関車の部』

■EF10 17の履歴

1938.3	製造（汽車会社大阪、東芝鶴見工場）
1938.4.1	水上に配置
1939.11.7	国府津に貸出
1939.12.26	水上に返却
1940.10.7	国府津に貸出
1940.12.22	水上に返却
1941.7.22	沼津に貸出
1941.8.13	水上に返却
1944.9.30	門司に転属
1946.5.9	沼津に転属
1946.6.20	国府津に転属
1946.7.30	八王子に貸出
1946.10.19	国府津に返却
1951.12.16	甲府に貸出
1952.2.1	国府津に返却
1954.6.16	新鶴見に貸出
1954.7.2	国府津に返却
1958.5.1現在	国府津
19??.?.?	甲府に転属
1976.3.1	廃車（最終配置：甲府）

■EF10 18の履歴

1938.3	製造（汽車会社大阪、東芝鶴見工場）
1938.3.12	水上に配置
1939.6.13	田端に貸出
1939.6.20	水上に返却
1944.10.9	門司に転属
1946.5.8	沼津に転属
1946.6.21	国府津に転属
1946.7.30	八王子に貸出
1947.3.20	国府津に返却
1950.9.26	長岡第2に転属
1951.3.18	浜松に転属
1951.9.18	沼津に転属
1952.2.3	静岡に貸出
1952.2.21	沼津に返却
1952.3.11	静岡に貸出
1952.3.27	沼津に返却
1954.3.12	甲府に転属
1954.9.18	新鶴見に貸出
1954.4.10	新鶴見に転属
1955.5.6	八王子に転属
1956.9.26	新鶴見に貸出
1956.11.30	久里浜に貸出
1957.5.20	国府津に転属
1964.10.1	新鶴見に転属
19??.?.?	甲府に転属
1977.3.3	廃車（最終配置：甲府）

■EF10 19の履歴

1938.3.28	製造（日本車輌名古屋工場、東洋電機）
1938.4.2	水上に配置
1939.6.15	国府津に貸出
1939.6.20	沼津に貸出
1939.6.22	水上に返却
1943.7.30	国府津に転属
1943.9.30	沼津に転属
1944.3.24	水上に転属
1944.8.11	門司に転属
1946.6.9	国府津に転属
1950.9.18	長岡第2に転属
1951.3.30	浜松に転属
1951.9.9	沼津に転属
1952.1.17	静岡に貸出
1952.2.2	沼津に返却
1952.2.21	静岡に貸出
1952.3.10	沼津に返却
1952.5.18	静岡に貸出
1952.6.10	沼津に返却
1952.7.24	静岡に貸出
1952.8.15	沼津に返却
1952.8.18	静岡に貸出
1952.9.10	沼津に返却
1952.10.2	静岡に貸出
1052.10.24	沼津に返却
1954.3.9	八王子に転属
1957.6.10	新鶴見に転属
1959.5.23	国府津に貸出
1959.5.28	新鶴見に返却
1960.3.28	国府津に貸出
1960.7.6	八王子に貸出
1960.8.1	新鶴見に返却
1961.3.8	国府津に貸出
1961.4.1	新鶴見に返却
1962.11.1	甲府に転属
1962.11.1	新鶴見に貸出
1962.11.18	甲府に返却
1962.11.27	新鶴見に貸出
1962.12.31	新鶴見に転属
1963.10.1	甲府に転属
1963.10.1	新鶴見に貸出
1963.11.14	甲府に返却
1963.12.20	新鶴見に貸出
1964.1.1	新鶴見に転属
1964.2.10	東京に貸出
1964.2.14	新鶴見に返却
1964.2.25	東京に貸出
1964.2.29	新鶴見に返却
1964.3.2	国府津に貸出
1964.3.8	新鶴見に返却
19??.?.?	甲府に転属
1977.3.3	廃車（最終配置:甲府）

■EF10 20の履歴

1939.3.31	製造（日立製作所笠戸工場）
1938.4.23	国府津に配属
1942.11.10	沼津に転属
1943.5.14	国府津に転属
1943.9.30	沼津に転属
1944.3.26	国府津に転属
1944.5.25	門司に転属
1948.2.8	国府津に転属
1951.3.29	沼津に貸出
1952.5.1	国府津に返却
1954.9.1	甲府に転属
1954.9.1	国府津に貸出
1955.4.10	国府津に転属
1958.5.1現在	国府津
19??.?.?	甲府に転属
1975.2.27	豊橋に転属
1978.10.18	廃車（最終配置:豊橋）

■EF10 21の履歴

1939.3.31	製造（日立製作所笠戸工場）
1939.4.26	国府津に配置
1942.9.24	沼津に転属
1943.5.15	国府津に転属
1943.9.28	沼津に転属
1944.3.25	国府津に転属
1944.5.20	門司に転属
1944.8.16	水上に転属
1944.10.9	国府津に転属
1946.7.31	八王子に貸出
1946.8.10	国府津に返却
1946.11.20	八王子に貸出
1947.3.27	国府津に返却
1948.7.7	甲府に貸出
1948.10.7	国府津に返却
1954.9.1	甲府に転属
1954.9.1	国府津に貸出
1955.4.10	国府津に転属
1958.5.1現在	国府津
19??.?.?	八王子に転属
1972.1.26	豊橋に転属
1978.3.29	廃車（最終配置:豊橋）

■EF10 22の履歴

1939.3	製造（汽車製造大阪、東芝鶴見工場）
1939.3.22	国府津に配置
1942.10.31	沼津に転属
1944.4.2	門司に転属
1961.9.20	吹田第2に転属
1962.1.11	新鶴見に貸出
1962.3.16	吹田第2に返却
1962.4.26	広島第1に貸出
1962.5.2	吹田第2に返却
1963.8.2	鷹取に貸出
1963.8.9	姫路第1に貸出
1963.8.22	梅小路に貸出
1963.8.31	吹田第2に返却
1965.6.17	八王子に転属
1969.9.17	中部天竜に転属
1969.9.29	豊橋に貸出
1970.4.14	中部天竜に返却
1972.3.15	豊橋に転属
1977.10.18	廃車（最終配置:豊橋）

■EF10 23の履歴

1939.3	製造（汽車製造大阪、東芝鶴見工場）
1939.4.1	国府津に廃止
1942.11.12	沼津に転属
1943.10.1	門司に転属
1961.8.21	吹田第2に転属
1961.8.26	姫路第2に貸出
1961.9.1	吹田第2に返却
1965.5.16	八王子に転属
1972.2.8	豊橋に転属
1978.8.25	廃車（最終配置:豊橋）

■EF10 24の履歴

1939.3.29	製造（日本車輌名古屋工場、東洋電機）
1939.4.2	国府津に配置
1942.1.11	沼津に転属
1943.5.16	門司に転属
1961.9.27	新鶴見に転属
1962.4.18	国府津に貸出
1962.6.20	新鶴見に返却
1962.6.30	国府津に貸出
1962.7.4	新鶴見に返却
1963.4.1	甲府に転属
1963.4.1	新鶴見に貸出
1963.7.17	甲府に返却
1963.7.25	新鶴見に貸出
1963.9.30	新鶴見に転属
19??.?.?	八王子に転属
1972.3.8	豊橋に転属
1978.9.25	廃車（最終配置:豊橋）

EF10 17〜24のディテール

EF10 17

丸型車体と鋳鋼製の台車がよく似合うEF10 17を1エンド側から見る。側面のエアーフィルターは目が横方向。後の茶色塗装のEF60も貴重な記録。1965.7.25　新鶴見機関区　P:小林正義

▶ EF10 17を上から見る。車体と同様、モニターも丸みを帯びた形状になっている。前面のステップと屋根ランボードを結ぶような位置に取っ手が並んでいるのにも注目。避雷器は角型で、信号炎管が装着されている。1965.7.25　新鶴見機関区　P:小林正義

EF10 17

▲ 2エンド側から見たEF10 17。埋め込まれた標識灯と、屋根の隅に装着された信号炎管が製造時と異なる主なポイント。1968.3.28　国府津機関区　P:青柳　明

▼ まだ引掛式標識灯が残っていた1960年1月当時のEF10 17。第1動輪の軸箱には速度計が付いている。1960.1.31　新鶴見機関区　P:小林正義

▲ EF10 17の車端部。鋳鋼製台車の端梁も曲面のデザインになっている。
1960.1.31　新鶴見機関区　P:小林正義

▼ 東芝と汽車会社の円形メーカーズプレートを持つEF10 17。側面中央の2枚の窓は横方向に開閉する構造になっている。1960.1.31　新鶴見機関区　P:小林正義

EF10 18
新

EF10 18

1エンド側から見た、棒台枠のEF10 18。前照灯が250Wに交換され、埋込化された標識灯には、反射板が付いている。また、屋根上には常磐線用無線アンテナを備える。 1965.7.25 新鶴見機関区
P:小林正義

EF10 18を2エンド側から見る。本機も汽車会社と東芝による製造で、エアーフィルターの目は横方向。ワイパーは窓の横に付いている。 1965.7.25 新鶴見機関区 P:小林正義

◀ (上) 1959年6月当時のEF10 18は150W前照灯と引掛式標識灯が残り、常磐線用無線アンテナも付いていない。1959.6　P:小林正義

◀ (下) 前面窓がHゴム支持になった晩年のEF10 18。妻板が曲面なのでガラスの縁の部分を平面にしている。1975.4.5　甲府　P:鈴木千亜希

▼ EF10 18。上前方から見ると丸さが一段と強調される。隣の線路に停車中の荷物電車も過去のものとなった。1975.4.5　甲府　P:鈴木千亜希

EF1019
新

EF10 19

2エンド側から見た棒台枠のEF10 19。本機も常磐線用無線アンテナを持つ。前照灯は250Wで、埋込式標識灯の反射板が開いている。先輪はプレート輪芯で、速度検知装置は第2動輪の軸箱にある(EF10 18は第1動輪)。 1965.3.28 新鶴見機関区 P:小林正義

1エンド側から見たEF10 19の写真。前ページと同時に撮影。こちら側は標識灯の反射板が閉じている。本機もエアーフィルターの目は横方向である。砂箱の位置はEF10 18と異なる。1965.3.28 新鶴見機関区　P:小林正義

EF

▲ EF10 19には日本車輌と東洋電機、それぞれの楕円のメーカーズプレートが付いている。1965.11.28　大宮機関区　P:小林正義

2エンド側から見たEF10 19。鋳鋼台枠と棒台枠では端梁の形状も違うので、前から見ても容易に識別できる。1965.11.28　大宮機関区　P:小林正義

EF10 19の2エンド側正面。ワイパーは窓の上から吊られ、ダブルアームになっている。こちら側だけドア横のステップが縦方向の棒でつながっている。1965.3.28　新鶴見機関区　P:小林正義

EF10 20

EF10 20の2エンド側正面。窓につらら切りが付き、顔つきが独特。ワイパーはシングルアームのものが窓の横に付いている。EF10 19と比べると標識灯がやや内側にある。1967.12.24 国府津　P:小林正義

EF10 20

2エンド側から見たEF10 20。本機の台車は鋳鋼台枠で、エアーフィルターの目は縦方向。常磐線用無線アンテナも備える。
1967.12.24　国府津機関区　P：小林正義

EF10 21

信号炎管なし、150W前照灯、引掛式標識灯という製造時に近いスタイルだった頃のEF10 21。台車は鋳鋼製で、エアーフィルターの目は縦方向。1959.3.20　新鶴見機関区　P:小林正義

前照灯が250W、標識灯が埋込式になったEF10 21。屋根には信号炎管も付いている。曲面の妻板に対し、平板形状のナンバープレートが浮いている。 1967.9.1 新鶴見機関区 P:戸枝裕雄

▲ EF10 21の車端部を見る。模型化した場合、先輪の首振りがかなり苦しくなりそうだ。 1967.9.1　新鶴見機関区　P:戸枝裕雄

▼ 鋳鋼台枠は棒台枠と外観は全く異なるが、内側に担バネやイコライザーなどが組み込まれ、機能的には同等である。 1967.9.1　新鶴見機関区　P:戸枝裕雄

▲ 丸型車体のEF10のブレーキシリンダーは鋳鋼台枠、棒台枠ともに水平方向に付き、大きなテコにつながる。鋳鋼の表面はまさに鋳物の質感。 1967.9.1 新鶴見機関区 P:戸枝裕雄

▲ 第2·3動輪間にはイコライザーの中間部分、ブレーキレバーの長さ調整機構が露出している。 1967.9.1 新鶴見機関区 P:戸枝裕雄

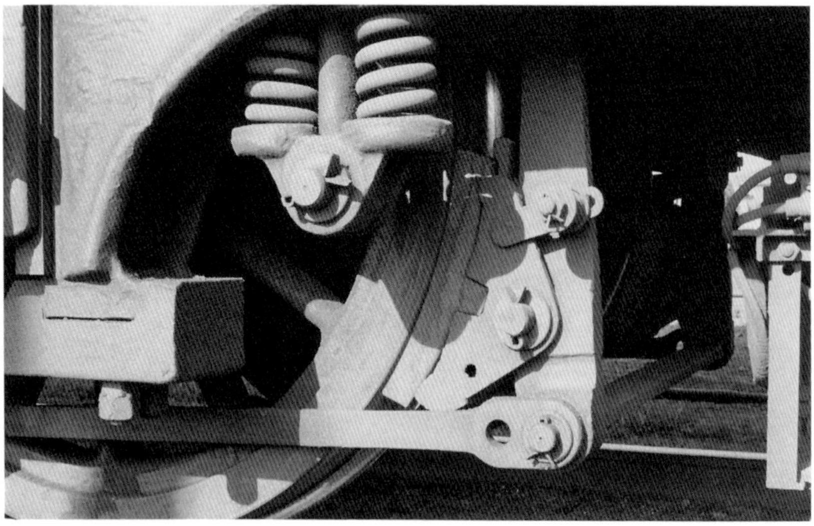

▲ ブレーキレバーは平板状で、長さ調整機構のない側は2つの穴がある。画面右端はATS車上子。 1967.9.1 新鶴見機関区 P:戸枝裕雄

▲ EF10 21もエアーフィルターの目は縦方向。車体内部の機器類も案外目立つ。
1967.9.1　新鶴見機関区　P:戸枝裕雄

▼ 鋳鋼製の台車は各担バネ左右上端の部分に保守用の穴が開いている。それでも棒台枠に比べて保守作業性が悪かったのが普及しなかった一因と言われている。 1967.9.1　新鶴見機関区　P:戸枝裕雄

EF10 22

飯田線の山間部を行くEF10 22牽引のローカル貨物列車。かつて東海道、山陽、関門の大動脈に君臨した本線機も晩年はのんびりと余生を送っていた。1971.3.13　金野　P:小林正義

EF10 22

▲ 晩年のEF10 22。重連総括用のジャンパー栓は撤去されているが、デッキ向かって左側にその痕跡が残る。1976.8.28　豊橋機関区　P:松尾よしたか

◀ 山手貨物線を行くEF10 22。本機は砂箱が動輪1軸あたり2個に増設され、関門用に追加した重連総括用のジャンパー栓が残っている。エアーフィルターの目は縦方向。1962.2.27　大崎　P:長谷川興政

▲ ワフ1輌のみという短編成の貨物列車の重連次位に連結された晩年のEF10 23。前面窓はHゴム支持になっている。本機もエアーフィルターの目は縦方向。1978.5.3　P:長谷川興政

▶ EF10 23の250Wの前照灯は少し前に突き出した位置にある。運転席側面の窓内側にはカーテンが吊られている。1978.5.3　豊橋機関区　P:長谷川興政

EF10 23

▲EF10 23は車体廻りが汽車製、電装系が東芝製で、1952(昭和27)年に浜松工場で車体更新が行なわれている。　1978.5.3　豊橋機関区　P：長谷川興政

▲ 飯田線の貨物列車を牽引し、豊橋を目指すEF10 23。豊橋配置のEF10は日車豊川工場を出場した車輌の回送列車を牽引することもあった。1977.4.2下地～船町　P:松尾よしたか

▼ 速度検知装置の伝達部分がロッドからケーブルに変わっている。1978.5.3 豊橋機関区　P:長谷川興政

▼ 飯田線の下り貨物列車を牽引するEF10 23。同線の豊橋付近は名鉄と共用の複線で、それが東海道本線と並行している。同じ線路をEF10、流電クモハ52などの旧型国電そしてパノラマカーなどの名鉄電車も走り、眺めていて飽きなかった。1977.4.2　船町～下地　P:松尾よしたか

EF10 24

2軸貨車の長編成を牽引して山手貨物線を行く丸型車体ラストナンバーのEF10 24。1965.4.17　駒込～田端　P:小林正義

1エンド側から見たEF10 24。本機は丸型車体で唯一車体外板がステンレス化されている。台車は鋳鋼台枠、エアーフィルターの目は縦方向。1965.4.11　新鶴見機関区　P:小林正義

EF10 24のフロントビュー。前面ドア脇のステップは3段で他機の4段と異なる。また、デッキ向かって右側には重連総括用ジャンパー栓の跡がある。1978.5.3　豊橋機関区　P:長谷川興政

▲飯田線のローカル貨物列車を牽引するEF10 24。95頁の写真と比べると力を持て余している印象。　1978.5.3　柿平～三河槙原　P：長谷川興政

▼ 関門から首都圏に移り、ステンレス車体が茶色に塗装されて間もない頃のEF10 24。信号炎管はまだ付いていない。1963.8.2　品川　P:長谷川興政

▲ ステンレス車体そのままの関門時代のEF10 24。門司駅構内までとはいえ九州島内に上陸した唯一の国鉄旧型電機だ。貨物列車はもとより「あさかぜ」をはじめとした優等列車の先頭も輝く銀色の車体が飾った。写真は28号機と重連を組んだ姿で、西日に車体を照らされ門司駅構内を往く。
1960.3.7　門司　P：宮地　元(RGG)

◀門司から新鶴見に移って半年後のEF10 24はまだ車体が塗装されておらず、ステンレスの地肌を輝かせていた。背後には新鶴見操車場が広がっている。
1962.3.18　新鶴見　P：長谷川興政

形式図図面番号　ＥＣ　0566Ａ
日立製作所
製造所｛芝浦製作所　汽車製造会社｝　｛東洋電機会社　日本車両会社｝

1C＋C1 電気機関車

形式ＥＦ10 17.20~24

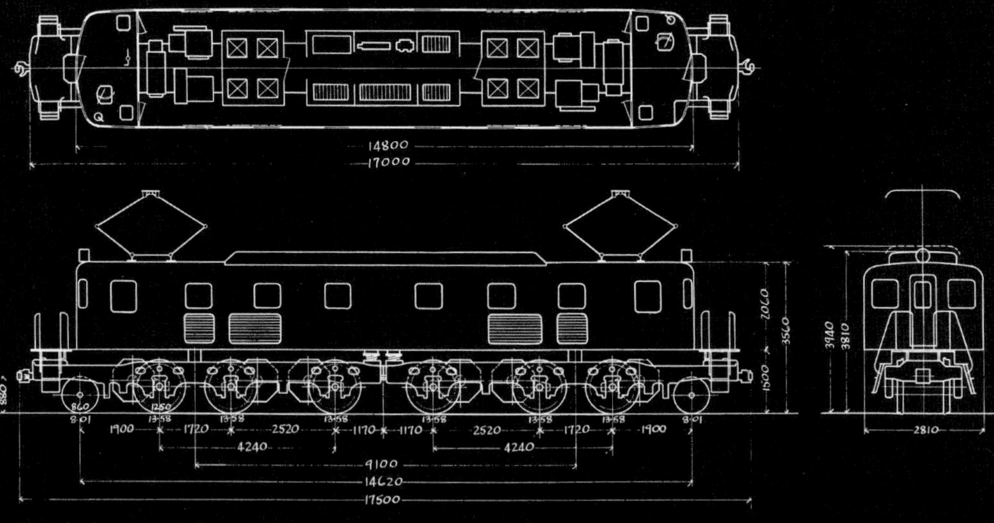

機関車重量	1段歯車減速釣掛式
運転整備全重量　97.50t	歯数比　20:83=1:4.15
〃 動輪上重量　81.48t	制御方式
空車全重量　97.00t	非重連3段組合セ弱界磁制御
電気方式　直流 1500V	制御装置
機関車容量（線電圧 1350V/時）	電磁空気単位スイッチ式
1時間定格出力　1350kw	制御回路電圧　100V
〃 引張力（全界磁）13500kg	ブレーキ
速度（〃）36km/時	EL14AS空気ブレーキ
電動機形式　MT28	手ブレーキ
〃 個数　6	主台車形式　HT57
Ⓐ ~~最大運転速度~~ 最高許容速度 75km/時	先台車形式　LT113
動力伝達装置	製造初年　昭和12年

Ａ 39-6-23 最大運転速度ヲ最高許容速度ニ変更シソノ数値訂正

EF10（17・20〜24）形
電気機関車形式図

形式図図面番号　ＥＣ　0558Ａ
製造所｛芝浦製作所　汽車製造会社｝　｛東洋電機会社　日本車両会社｝

1C＋C1 電気機関車

形式ＥＦ10 18.19

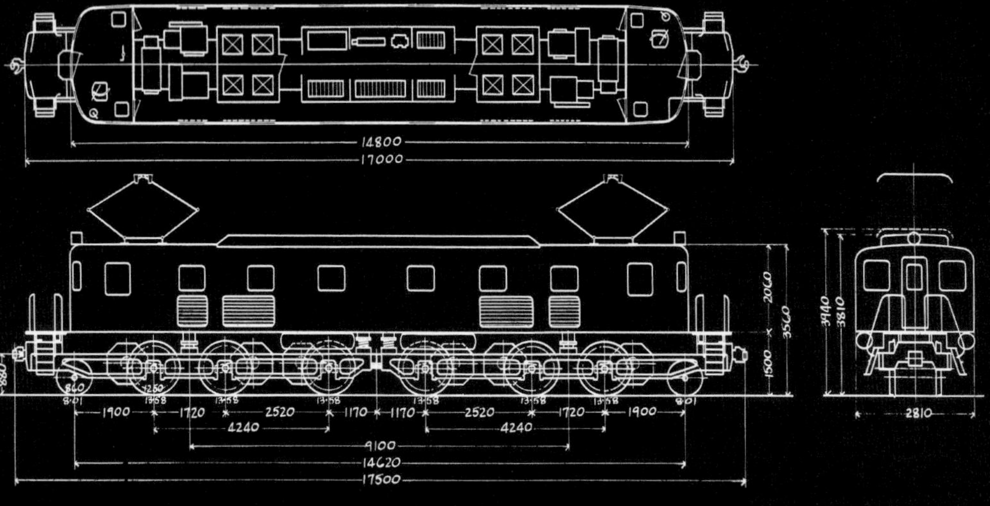

機関車重量	1段歯車減速釣掛式
運転整備全重量　97.50t	歯数比　20:83=1:4.15
〃 動輪上重量　81.48t	制御方式
空車全重量　97.00t	非重連3段組合セ弱界磁制御
電気方式　直流 1500V	制御装置
機関車容量（線電圧 1350V/時）	電磁空気単位スイッチ式
1時間定格出力　1350kw	制御回路電圧　100V
〃 引張力（全界磁）13500kg	ブレーキ
〃 速度（〃）36km/時	EL14AS空気ブレーキ
電動機形式　MT28	手ブレーキ
〃 個数　6	主台車形式　HT56
Ⓐ ~~最大運転速度~~ 最高許容速度 75km/時	先台車形式　LT113
動力伝達装置	製造初年　昭和12年

Ａ 39-6-23 最大運転速度ヲ最高許容速度ニ変更シソノ数値訂正

EF10（18・19）形
電気機関車形式図

角型車体の EF10（25～41）

EF10 25~41の歩み

EF10 25以降は車体が溶接組立の角型となった。このタイプは後期型とも呼ばれ、1940~41（昭和15~16）年に25~41が製造された。これが本形式の最終グループで、両数はひさし付きや丸型より多い。台車は30~33が鋳鋼台枠、それ以外が棒台枠である。17両とも関門トンネルで運用された経歴を持ち、27・35・37・41は車体外板がステンレスに張り替えられた。ただし、この4両は丸型の24と違ってぶどう色に塗装されたので、鋼製車体と見分けるのは難しかった。

国産化開始以来に変遷した電気機関車の車体のスタイルは、この角型でひとまず定着している。EF10の改良型として登場した貨物機EF12は、角型車体・棒台枠のEF10と外観がほぼ同じである。その後の貨物用F級機は、戦時設計のEF13が凸型車体で落成するが、戦後製のEF15の車体は角型をさらに洗練させたものとなっている。

EF10の淘汰が本格化したのは昭和50年代に入ってからで、1978（昭和53）年以降は31だけが飯田線用として豊橋機関区に残ったが、これも1983（昭和58）年3月廃車となり、形式消滅した。

▲東京~博多を結んだ名列車「あさかぜ」。この写真は20系寝台客車へと置き換わる直前、関門海峡間の牽引担当のEF10の後期型トップナンバーの25号機が先頭に立ち、門司へ到着した下り列車の姿。「あさかぜ」のヘッドマークが誇らしげである。　1958.9.19　門司　P：伊藤威信(RGG)

▲EF15を従えて待機する角型車体・棒台枠のEF15 29。両機の車体形状を比較するのも面白い。　1965.11.6　新鶴見機関区　P：小林正義

EF10 25～41の履歴

参考文献：月刊『レイル・マガジン』2008年10月号特別付録／沖田祐作　編『機関車表　国鉄編II　電気機関車・内燃機関車の部』

■EF10 25の履歴

1940.7.3	製造（三菱神戸造船所、三菱電機神戸工場）
1940.7.3	水上に配置
1940.9.29	国府津に転属
1942.11.14	沼津に転属
1943.5.17	門司に転属
1961.10.2	新鶴見に転属
1962.7.4	東京に貸出
1962.9.27	新鶴見に返却
1964.1.21	八王子に貸出
1964.2.28	新鶴見に返却
1976.10.30	廃車（最終配置：新鶴見）

■EF10 26の履歴

1940.8.1	製造（三菱神戸造船所、三菱電機神戸工場）
1940.8.10	水上に配置
1942.9.29	門司に転属
1961.9.20	新鶴見に転属
1963.4.1	甲府に転属
1963.4.1	新鶴見に貸出
1963.8.15	甲府に返却
1963.8.24	新鶴見に貸出
1963.9.30	新鶴見に転属
1963.10.19	東京に貸出
1963.11.1	新鶴見に返却
19??.??.??	甲府に転属
1977.3.3	廃車（最終配置：甲府）

■EF10 27の履歴

1940.8.31	製造（三菱神戸造船所、三菱電機神戸工場）
1940.9.7	水上に配置
1941.8.24	沼津に貸出
1941.9.27	水上に返却
1942.4.12	門司に転属
1961.9.23	新鶴見に転属
1963.4.1	甲府に転属
1963.4.1	新鶴見に貸出
1963.4.22	甲府に返却
1963.5.2	新鶴見に貸出
1963.9.30	新鶴見に転属
19??.??.??	甲府に転属
1977.3.3	廃車（最終配置：甲府）

■EF10 28の履歴

1940.7	製造（汽車大阪、東芝鶴見工場）
1940.7.28	水上に配置
1943.2.18	門司に転属
1961.9.29	新鶴見に転属
19??.??.??	甲府に転属
1978.1.11	廃車（最終配置：甲府）

■EF10 29の履歴

1940.7	製造（汽車大阪、東芝鶴見工場）
1940.8.2	国府津に配置
1942.5.15	門司に転属
1949.9.21	国府津に転属
1950.7.9	門司に貸出
1950.7.11	門司に転属
1953.10.9	国府津に貸出
1954.4.11	門司に返却
1961.9.24	新鶴見に転属
1963.9.12	国府津に貸出
1963.9.13	新鶴見に返却
19??.??.??	東京に転属
1977.5.6	廃車（最終配置：東京）

■EF10 30の履歴

1940.5.15	製造（日立製作所海岸工場）
1940.4.7	国府津に配置
1942.4.9	門司に転属
1948.9.7	国府津に転属
1951.7.3	門司に転属
1954.10.1	国府津に貸出
1955.2.16	国府津に転属
1957.10	門司に貸出
1958.4.6	新鶴見に転属
1959.9.7	国府津に貸出
1959.9.20	新鶴見に返却
1959.9.22	国府津に貸出
1959.10.31	新鶴見に返却
1959.11.14	国府津に貸出
1959.11.19	新鶴見に返却
1962.7.4	東京に貸出
1962.9.27	新鶴見に転属
19??.??.??	東京に転属
1977.1.20 (1.22?)	豊橋に転属
1978.1.18	廃車（最終配置：豊橋）

■EF10 31の履歴

1940.4.24	製造（日立製作所海岸工場）
1940.4.29	国府津に配置
1942.5.18	門司に転属
1948.2.28	国府津に転属
1949.12.16(12.15?)	浜松に転属
1950.9.28	沼津に転属
1950.9.28	国府津に貸出
1950.10.15	国府津に転属
1952.1.20	門司に貸出
1952.3.8	国府津に返却
1953.1.21	八王子に転属
1957.5.21	新鶴見に転属
1961.7.22	吹田に貸出
1961.8.6	新鶴見に返却
1963.4.1	甲府に転属
1963.4.1	新鶴見に貸出
1963.5.1	甲府に返却
1963.5.9	新鶴見に貸出
1963.9.30	新鶴見に転属
19??.??.?.	八王子に転属
1972.2.23	豊橋に転属
1983.8.5	廃車（最終配置：豊橋）

■EF10 32の履歴

1940.7.5	製造（日本車輌名古屋工場、東洋電機）
1940.7.18	沼津に配置
1942.2.9	大里に転属
1948.3.19	甲府に転属
1949.10.13	国府津に転属
1949.12.10	浜松に転属
1950.2.26	下関に貸出
1951.7.11	門司に転属
1961.9.29	新鶴見に転属
1963.4.1	甲府に転属
1963.4.1	新鶴見に貸出
1963.7.25	甲府に返却
1963.8.2	新鶴見に貸出
1963.9.17	国府津に貸出
1963.9.30	新鶴見に転属
1963.9.30	国府津に貸出
1963.10.10	新鶴見に返却
19??.??.??	八王子に転属
1972.3.11	豊橋に転属
1977.3.15 (3.3?)	廃車（最終配置：豊橋）

■EF10 33の履歴

1940.7.30	製造(日本車輌名古屋工場、東洋電機)
1940.8.20	沼津に配置
1942.7.3	門司に転属
1948.5.6	甲府に転属
1949.10.14	国府津に転属
1949.12.10	浜松に転属
19??.??.??	国府津に転属
1950.9.14	高崎二に転属
1950.11.9	国府津に転属
1951.3.25	浜松に貸出
1951.5.2	甲府に貸出
1951.6.21	国府津に返却
1954.12.29	新鶴見に貸出
1957.3.15	国府津に返却
1957.8.16	門司に転属
1961.10.13	稲沢二に転属
1964.9.3	長岡二に転属
1964.12.10 (1965.3.1?)	新鶴見に転属
19??.??.??	東京に転属
1976.5.6	廃車(最終配置:東京)

■EF10 34の履歴

1941.11.21	製造(汽車大阪、東芝鶴見工場)
1941.11.25	国府津に配置
1941.12.27	水上に転属
1942.6.6	門司に転属
1949.5.8	国府津に転属
1949.12.10	浜松に転属
1950.10.7	国府津に転属
1951.5.2	甲府に貸出
1951.5.28	国府津に返却
195?.??.??	甲府に転属
1956.7.15	国府津に貸出
1956.9.25	新鶴見に転属
1959.6.7	国府津に貸出
1959.7.10	新鶴見に返却
1960.1.26	久里浜に貸出
1960.2.5	新鶴見に返却
1963.4.1	甲府に転属
1963.4.9	新鶴見に貸出
1963.9.30	新鶴見に転属
19??.??.??	東京に転属
1977.3.16	甲府に転属
1977.5.5 (7.5?)	廃車(最終配置:甲府)

■EF10 35の履歴

1941.12.10	製造(汽車大阪、東芝鶴見工場)
1941.12.12	国府津に配置
1942.10	門司に転属
1953.10	門司区開設80年記念展示
1961.9.3	稲沢二に転属
1964.8.6	長岡二に転属
1965.8	東京に転属
1977.2	豊橋に転属
1978.11.21	廃車(最終配置:豊橋)

■EF10 36の履歴

1941.12	製造(汽車大阪、東芝鶴見工場)
1942.1.7	国府津に配置
1942.4.1	門司に転属
1961.10.1	稲沢二に転属
1964.9.24	長岡二に転属
1965.9.2	東京に転属
1977.2.17	甲府に転属
1977.12.15	廃車(最終配置:甲府)

■EF10 37の履歴

1942.2	製造(汽車大阪、東芝鶴見工場)
1942.3.8	沼津に配置
1942.11.3	門司に転属
1961.9.24	沼津に転属
1964.6.26	八王子に貸出
1964.9.4	沼津に返却
1965.4.24 (4.25?)	新鶴見に転属
19??.??.??	東京に転属
1977.2.27	甲府に転属
1977.10.18	廃車(最終配置:甲府)

■EF10 38の履歴

1942.4	製造(汽車大阪、東芝鶴見工場)
1942.4.5	沼津に配置
1942.7.4	門司に転属
1961.9.21	沼津に転属
1965.2.1 (2.2?)	八王子に転属
19??.??.??	立川に転属
1977.2.5	甲府に転属
1977.10.18	廃車(最終配置:甲府)

■EF10 39の履歴

1941.9.5	製造(三菱神戸造船所、三菱電機伊丹工場)
1941.9.15	国府津に配置
1942.6.8	門司に配置
1961.10.23	吹田二に転属
1965.5.27	八王子に転属
19??.??.??	立川に転属
1977.3.12	甲府に転属
1977.8.2	豊橋に転属
1978.3.27	廃車(最終配置:豊橋)

■EF10 40の履歴

1941.10.27	製造(三菱神戸造船所、三菱電機伊丹工場)
1941.11.4	国府津に配置
1941.12.29	水上に転属
1942.6.10	門司に転属
1961.10.4	吹田二に転属
1965.7.26 (7.27?)	八王子に転属
19??.??.??	立川に転属
1975.7.25 (7.5?)	廃車(最終配置:立川)

■EF10 41の履歴

1941.11.29	製造(三菱神戸造船所、三菱電機伊丹工場)
1941.12.11	国府津に配置
1942.11.4	門司に転属
1961.11.1	吹田二に転属
1965.6.30	八王子に転属
1969.9.17	豊橋に転属
19??.??.??	中部天竜に転属
1972.3.16	豊橋に転属
1977.3.31	廃車(最終配置:豊橋)

EF10 25～41のディテール

EF10 26

角型車体、棒台枠のEF10 26のフロントビュー。この当時は標識灯に反射板があり、下側にたたんである。また、ワイパーは左右ともダブルアームになっている。1965.6.27 新鶴見機関区
P:小林正義

EF10 28

黒い2軸貨車の長編成を牽引する、棒台枠のEF10 28。本機は第2·3動輪の砂箱の位置が接近している。 P:滝川精一

EF10 29

棒台枠のEF10 29がEF15と並ぶ。左右のワイパーがシングルアームである点が、107頁のEF10 26と異なる。
1965.4.11　新鶴見機関区　P：小林正義

EF10 29
EF15 94

2エンド側から見たEF10 29。108頁のEF10 28とは砂箱の位置が異なり、やや分かりにくいが屋根上助士側の角に信号炎管がある。また、助士側運転台床下にかつて関門間で運用されていた際の重連総括制御用のジャンパー栓受が残っている。写真奥でパンタグラフを下ろしているのは、丸型車体・鋳鋼台枠のEF10 24。
1965.4.11　新鶴見機関区　P：小林正義

E 1029

EF10 29の2-4位側サイド(左が1エンド)。2枚の円形の製造銘板は、左が汽車会社、右が東芝のもの。屋根上には常磐線用列車無線アンテナを装着している。1965.4.11　新鶴見機関区
P:小林正義

EF10 30

信号炎管が見装着で前照灯は150Wという時期の、鋳鋼台枠のEF10 30を2エンド側から見る。シングルアームのワイパーは窓下の角に付いている。　1960.1.31　大宮機関区　P：小林正義

鋳鋼台枠のEF10 30のフロントビュー。丸型車体の鋳鋼台枠より前端梁の湾曲が少ない。前頁の写真と比べると、ワイパーの位置とアーム形状が変化している。1964.1.16　新鶴見機関区　P:小林正義

EF10 31

▲ 豊橋機関区構内に休む鋳鋼台枠のEF10 31(左端)。右に並んでいるのは後継のED62 14、丸型車体のEF10 24、そしてスカ色に塗られた戦前製旧型国電。1978.5.3　豊橋機関区　P:長谷川興政

▲ EF10 31の製造銘板は長方形の「日立」。1978.5.3　豊橋機関区　P:長谷川興政

角型車体と丸型車体の鋳鋼台枠同士、EF10 31とEF10 23の重連が、飯田線の貨物列車を牽引。19678.5.3　柿平～三河槙原
P:長谷川興政

豊橋機関区構内でED62 14などと並んだEF10 31。本機は前面窓につらら切りを備え、ワイパーはシングルアーム。1978.5.3
P:長谷川興政

▲ 丸型車体のEF10を次位に従えたEF10 31を、1エンド側から見る。第1動輪の軸箱に電気式速度計のケーブルがつながっている。
1978.5.3　P:長谷川興政

▶ 2エンド側から見たEF10 31。8枚並んだ側面窓のうち、1·3·6·8枚目は開閉可能で、窓枠が見える。1978.5.3　豊橋機関区
P:長谷川興政

10 31

1959(昭和34)年当時のEF10 31。前照灯は150Wで標識灯は引掛式。本機はつらら切りを備えるが、上越方面に配置された記録はない。1959.10.14　新鶴見機関区　P:小林正義

EF10 32

鋳鋼台枠のEF10 32の2エンド側正面。前照灯は250W、標識灯は埋込式になっているが、まだ信号炎管は装着していない。手スリに隠れているが、妻板左下に関門当時の重連総括用ジャンパー栓が残っている。1964.7.5　新鶴見機関区　P:小林正義

▲ 左の写真の2年前の時点でのEF10 32を1エンド側から見る。前照灯は150W。こちら側は、重連総括用ジャンパー栓が前面向かって右下にある。1962.5.20　P: 長谷川興政

▼ 上の写真と同じ時に2エンド側から見たEF10 32。150Wの前照灯は、妻板から前に突き出した位置にある。1962.5.20
P: 長谷川興政

前照灯が250Wに交換され、信号炎管が装着された時期のEF10 32を、2エンド側から見る。常磐線用無線アンテナを装着している。
1969.7.23　新鶴見　P:戸枝裕雄

▲ 豊橋に配置されていた晩年のEF10 32の1エンド側を見る。ブレーキシリンダーのテコには手ブレーキのロッドがつながっている。2枚並んだ楕円の製造銘板は左が東洋電機、右が日本車輌。1976.8.28　豊橋機関区　P:松尾よしたか

▼ 前頁と同じ時のEF10 32の2エンド側。こちら側のブレーキシリンダーのテコには、手ブレーキのロッドがない。製造銘板の並び方は、上の写真と逆になっている。1969.7.23　新鶴見　P:戸枝裕雄

▲ 1エンド側台車の右前部。手ブレーキのロッドは1エンド側左右のブレーキシリンダーのテコに付いている。1969.7.23　新鶴見　P:戸枝裕雄

▼ 1エンド側台車の右第1動輪付近を見る。砂箱から出た砂撒管は微妙なカーブを描いて動輪とレールの接点近くまで伸びている。金属モデルの場合、この部分はショートに要注意。1969.7.23　新鶴見　P:戸枝裕雄

▲ 1エンド側台車右の第2･3動輪間を見る。鋳鋼台枠には、ブレーキロッド、空気や潤滑油の配管などが付いている。1969.7.23　新鶴見　P:戸枝裕雄

▼ 1エンド側台車の右第2･3動輪付近。イコライザーや砂箱の形状が本書004号31頁のEF10 21（丸型車体、鋳鋼台枠）と異なる。ATS車上子は2エンド側台車後端梁に付いている。 1969.7.23　新鶴見　P:戸枝裕雄

▲ 1エンド側台車の第3動輪付近。砂撒管にはアングル材によるステーが付いている(第1·2動輪も同様)。1969.7.23　新鶴見　P:戸枝裕雄

▼ 手ブレーキのロッドが来ていない第2エンド側台車のブレーキシリンダー。
1969.7.23　新鶴見　P:戸枝裕雄

1964年当時のEF10 32を2エンド側から見る。前照灯250W、信号炎管なし、ダブルアームのワイパーという形態。1964.7.5
新鶴見機関区　P:小林正義

F10 32

前頁と同じ時のEF10 32、2エンド逆サイド(1-3位側)からのカット。後はEF12 11で、車体の形状が類似しているのがわかる。
1964.7.5　新鶴見機関区　P:小林正義

EF10 33

EF10 33のフロントビュー。つらら切りを装着しているが、EF10 31と異なり上面が湾曲している。台車は鋳鋼台枠。1965.11.28 大宮機関区　P:小林正義

品鶴線(東海道貨物線)の多摩川橋梁を渡るEF10 33。本機も常磐線用無線アンテナを装着している。「よん・さん・とう」以前の光景で、1輌目の貨車は1段リンクのワム23000。1965.12.19
P:小林正義

EF10 34

EF10 34

150W前照灯、引掛式標識灯の時期のEF10 34を2エンド側から見る。台車は棒台枠で、上面がフラットなつらら切りを備える。
1959.10.14　田端操車場　P:小林正義

EF 10 37

EF10 37

棒台枠のEF10 37を1エンド側から見る。前照灯は250Wで、129頁のEF10 32より位置が後になっている。ワイパーは窓横に付いたシングルアームで、屋根上には常磐線用無線アンテナを装着。　1966.7.17　新鶴見機関区　P：小林正義

▲EF10 37の1-3位側サイド(向かって右が1エンド)。東芝(左)と汽車会社(右)の銘板の間のひと回り小さい円形の銘板は、小倉工場での改修時のもの。第2・3動輪の砂箱が接近した位置にある。　1969.7.23　新鶴見　P：戸枝裕雄

2エンド側から見たEF10 37。当時本機は新鶴見配置で、その後東京を経て最後には甲府に移った。東京配置時代にはデッキ左右のステップ先端が白く塗られていた。
1966.7.17　P：小林正義

▲EF10 37の2エンド側台車前部。この当時は両エンドの左第1動輪に機械式速度計が付いている。
1969.7.23　新鶴見　P：戸枝裕雄

▲中央線や南武線の貨物列車に活躍した40号機の側面（2-1側）。砂箱の位置は後期型の棒台枠でも異なるので、注意してみていいただきたい。　1967.3　立川　P：浅原信彦(RGG)

▲ラストナンバー・棒台枠のEF10 41が単機回送で飯田線を往く。ワイパーはシングルアームで、第2・3動輪の砂箱が接近した位置にある。　1977.4.2　下地～船町　P：松尾よしたか

形式図図面番号　ＥＣ　03023A
製造所 {芝浦製作所 汽車製造会社 {三菱電機会社 三菱重工会社

1C＋C1 電気機関車

形式ＥＦ10 25~29

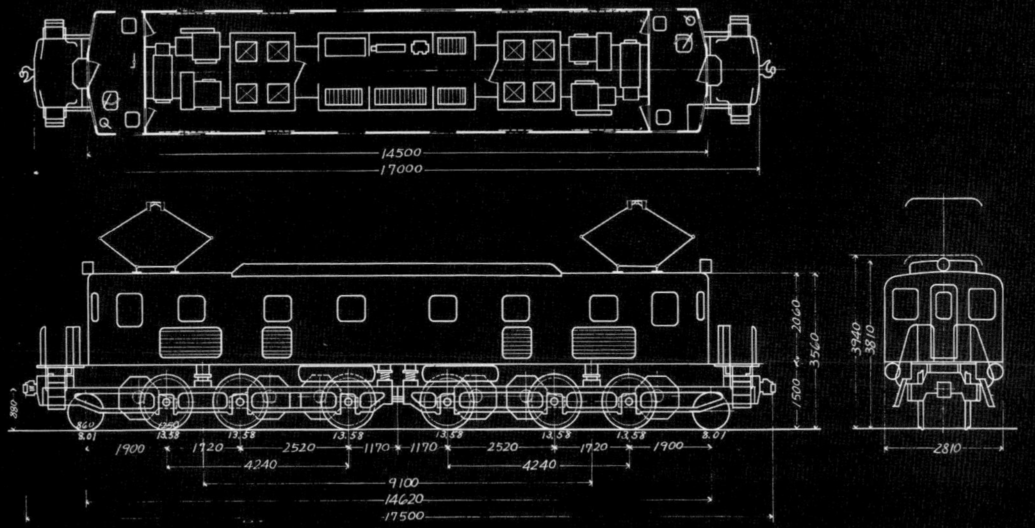

機関車重量	1段歯車減速釣掛式
運転整備重量　97.50t	歯数比　20:83=1:4.15
〃 動輪上重量　81.48t	制御方式
空車全重量　97.00t	非重連3段組合せ弱界磁制御
電気方式　直流1500V	制御装置
機関車容量（線電圧1350V,1時）	電磁空気単位スイッチ式
1時間定格出力　1350kW	制御回路電圧　100V
〃 引張力(全界磁)　13500kg	ブレーキ装置
〃 速度(〃)　36km/時	EL14AS空気ブレーキ
電動機形式　MT28	ネヂ手ブレーキ
〃 個数　6	主台車形式　HT56
Ⓐ ~~最大運転速度~~最高許容速度　75 65 km/時	先台車形式　LT113
動力傳達装置	製造初年　昭和14年

EF10（25～29）形
電気機関車形式図

形式図図面番号　ＥＣ　03022A
製造所 {日立製作所 東洋電機会社 日本車両会社

1C＋C1 電気機関車

形式ＥＦ10 30~33

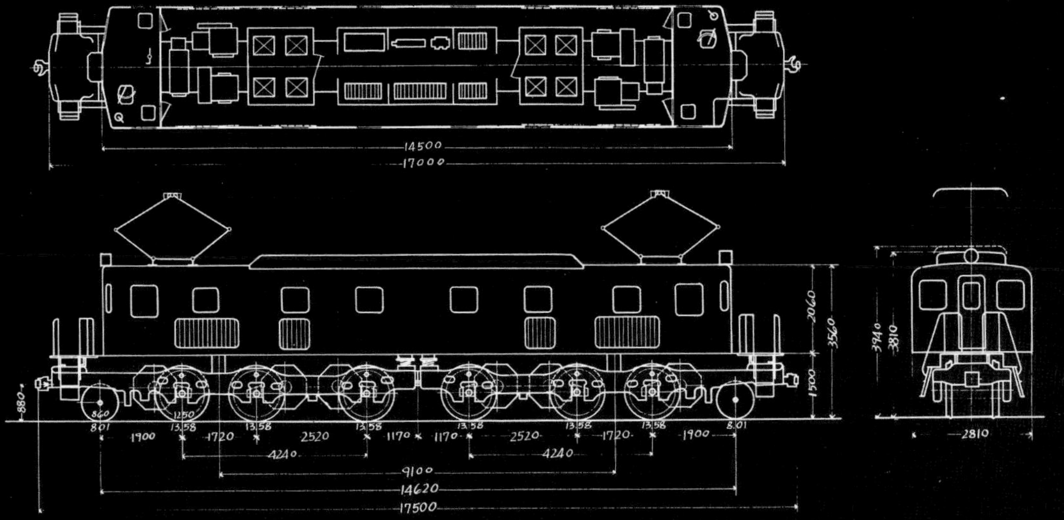

機関車重量	1段歯車減速釣掛式
運転整備重量　97.50t	歯数比　20:83=1:4.15
〃 動輪上重量　81.48t	制御方式
空車全重量　97.00t	重連3段組合せ弱界磁制御
電気方式　直流1500V	制御装置
機関車容量（線電圧1350V,1時）	電磁空気単位スイッチ式
1時間定格出力　1350kW	制御回路電圧　100V
〃 引張力(全界磁)　13500kg	ブレーキ装置
速度(〃)　36km/時	EL14AS空気ブレーキ
電動機形式　MT28	ネヂ手ブレーキ
〃 個数　6	主台車形式　HT58
Ⓐ ~~最大運転速度~~最高許容速度　75 65 km/時	先台車形式　LT113
動力傳達装置	製造初年　昭和14年

EF10（30～33）形
電気機関車形式図

EF10(34～39・41)形電気機関車形式図

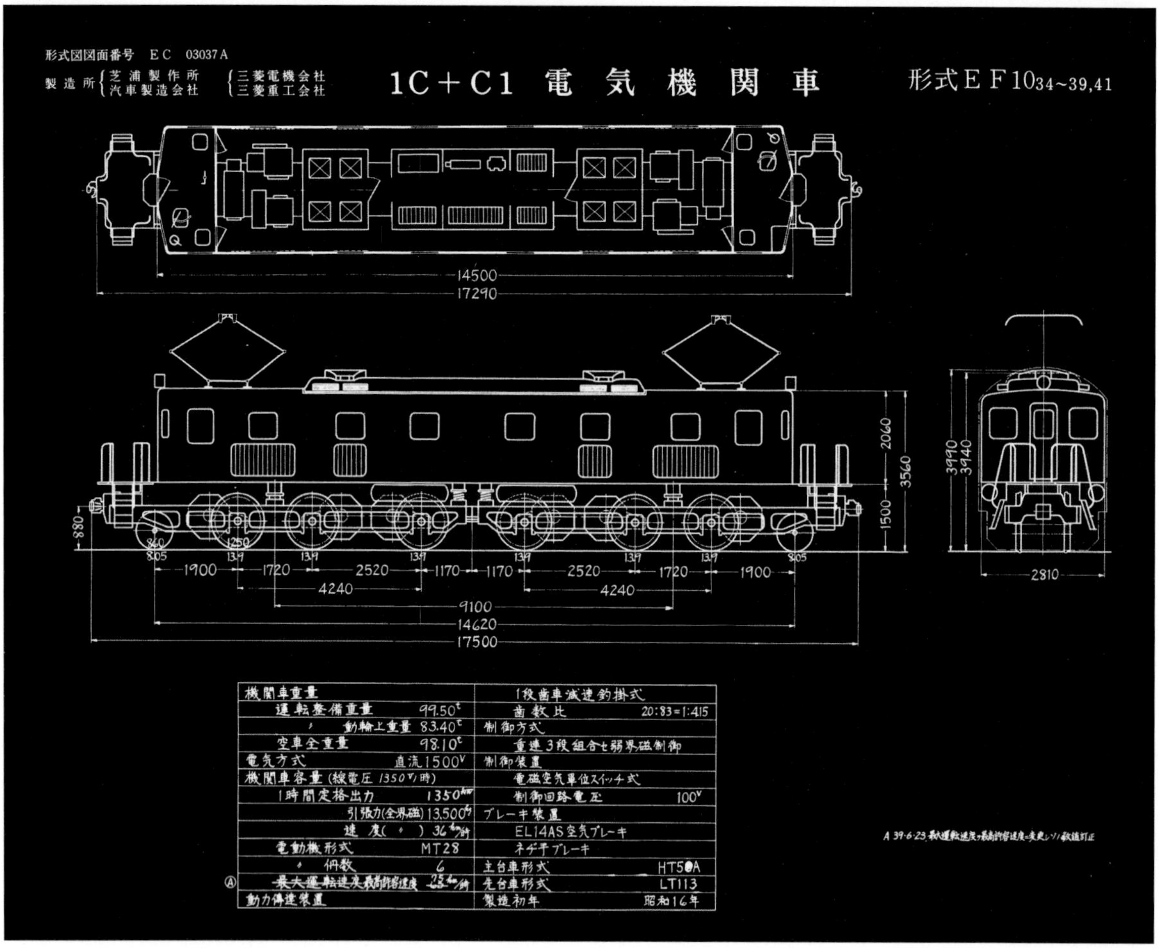

おわりに

国鉄の蒸気機関車が全廃となる前後から、実車ファンの間で旧型電気機関車の人気が高まった。EF57やEF58はブームが起こるほど多くの人が熱狂し、当時の実物誌には多くの写真や記事が掲載された。

一方で、EF10は外観のバリエーションが多彩ではあるものの貨物用で地味な存在だったため、それほど注目されることもなくひっそりと姿を消していった。1972(昭和47)年1月、EF10 11が廃車第1号となり、1975(昭和50)年から両数減少のペースが早まっていった。そして、ひさし付車体のものは1979(昭和54)年3月まで、丸型車体のものは1978(昭和53)年9月までに姿を消した。角型車体の車も同時期に大半が廃車になったが、31号機だけは豊橋機関区に残り、稼働の頻度が下がりながらも1983(昭和58)年3月まで現役を維持した。

総勢41両のEF10のうち、保存されているのは35号機のみである。関門トンネル用でステンレス車体化されたうちの1両で、現在は九州鉄道記念館で展示されている。ユニークな鋳鋼台車のEF10は、残念ながら現存していない。